实用果蔬切雕与装盘

主 编　沈晓文　黄兹勇　沙乾利

副主编　陈敬华　马永仙　杨之华

主 审　韩昕葵

AR

西南交通大学出版社

·成都·

图书在版编目（ＣＩＰ）数据

实用果蔬切雕与装盘 / 沈晓文，黄兹勇，沙乾利主编. —成都：西南交通大学出版社，2018.8
ISBN 978-7-5643-6358-1

Ⅰ. ①实… Ⅱ. ①沈… ②黄… ③沙… Ⅲ. ①水果 – 装饰雕塑②蔬菜 – 装饰雕塑 Ⅳ. ①TS972.114

中国版本图书馆 CIP 数据核字（2018）第 189914 号

实用果蔬切雕与装盘

主编 沈晓文 黄兹勇 沙乾利

责 任 编 辑	孟 媛
助 理 编 辑	罗俊亮
封 面 设 计	曹天擎
	西南交通大学出版社
出 版 发 行	（四川省成都市二环路北一段 111 号
	西南交通大学创新大厦 21 楼）
发行部电话	028-87600564　028-87600533
邮 政 编 码	610031
网 　　　址	http://www.xnjdcbs.com
印 　　　刷	四川煤田地质制图印刷厂
成 品 尺 寸	165 mm × 230 mm
印 　　　张	7.5
字 　　　数	82 千
版 　　　次	2018 年 8 月第 1 版
印 　　　次	2018 年 8 月第 1 次
书 　　　号	ISBN 978-7-5643-6358-1
定 　　　价	49.80 元

课件咨询电话：028-87600533

P reface
前 言

　　中国饮食文化博大精深，中国人在饮食上不仅仅追求物质上的果腹，还追求精神上的愉悦。具体体现在饮食中追求"色香味形俱佳"，讲究餐具的精美，注重装盘的艺术，崇尚诗情画意的就餐环境。中国饮食文化超越了其单纯的维持和延续生命的功能，升华到了审美文化的范畴。

　　越来越多的人在就餐时不仅仅关注菜肴的"味"，更注重菜肴的"色"与"形"，基于此编者特撰写了这本适合烹饪初学者的蔬果类盘饰、杯饰切雕教材。《实用果蔬切雕与装盘》这本书能满足全国高、中等职业院校烹饪专业教学的需求，是职业院校烹饪专业教材的补充。本书突出了职业教育培养技术技能型实用人才的教学目标，着力提高烹饪专业初学者果蔬"切"与"雕"的技能，培养烹饪专业学生菜品、饮品装饰设计的能力，以突显菜品与饮品的精致与美感，让消费者吃的氛围达到尽善尽美。

本书基于 AR（增强现实）技术制作，嵌入了大量的视频、动画等数字资源，同时，辅以文字解说，将所学知识生动、直观地进行展示。本书所选用的蔬果类原料为生活中常见、易采购的原料，所用刀具为切雕基本刀具和模具。本书的每件作品均详细说明作品使用的原料、工具、主要手法、制作流程，读者仅需用手机扫描带有 AR 标志的图片即可观看整个切雕过程，短时间内提高学习者切雕技能和菜品、饮品装饰点缀能力。本书教学可以使学生对切雕形成更直观的认知，使职业院校学生素质教育与现代餐饮发展相适应。本书可作为烹饪学习者、美食爱好者及餐饮行业人员的学习用书。

　　本书在编写过程中得到了编辑何柳、摄影师刘万璇及刘灿军、余俊达、段志星、李泳林等工作人员的大力支持。

编　者

2018 年 6 月

C ontents 目 录

 理论篇

实训篇

 鉴赏篇

理 论 篇

果蔬切雕概述

一、果蔬切雕在烹饪制作中的重要性

果蔬切雕装饰的主要目的是用餐时给人一种惊艳的视觉感受以及创造协调舒适的用餐氛围。这是一门美化宴席、陪衬菜肴、烘托气氛、增进友谊的造型艺术，能够提升整个用餐过程的舒适感与价值感。无论是国宴，还是家庭喜庆宴席，果蔬切雕装饰都有其艺术的生命力和感染力，使人们在得到美食享受的同时，也能得到艺术享受。盘饰艺术与菜肴制作发挥空间是极为广阔的，但必须建立在安全与卫生的条件下。当今，果蔬切雕在烹饪中的应用不仅继承了传统的雕刻特点，而且在很大程度上，在菜品的营养搭配、丰富色泽、美化布局等方面得到了充分的应用，其地位和作用不言而喻。

二、果蔬切雕技艺在烹饪中的意义

果蔬切雕是运用特定的刀具和刀法，将各种食品原料切成符合宴席主题的具有一定美感的形状造型或（和）雕刻成或平面或立体的虫、鸟、花卉等形象的一门技艺。果蔬切雕主要材料是食品，且以安全无毒无害的果蔬类为主。果蔬切雕在烹饪中不仅是为了提升菜肴的色与形，在很大程度上果蔬切雕还具有增加菜品营养价值的作用。宴席中出现果蔬切雕作品不仅能表达出对客人的尊重和彰显接待规格的隆重，还可以使整个宴席主题更突出，如祝人事业有成将拼盘取名为"节节高升"，用分层的立体果盘来进行拼盘设计，预示着主人更上一层楼，这样既升华了菜肴的意境，提高了菜肴的格调，又使菜品上升为一件意味丰富的艺术品。果蔬切雕技艺彰显了中华民族饮食文化的精华，果蔬切雕作品紧紧围绕宴席的主题，以及考虑到就餐对象的生理特点和营养需要，应用当地应季蔬果，体现了中国待人接物礼仪和饮食文化的特色。

果蔬切雕作品的保鲜

一、生鲜蔬果的保存方法

1. 冰冷水处理法

吸水量较大的玉米、毛豆、莴苣等产品适用此方法。冰冷水处理法是先将水槽盛满水，再将果蔬浸泡其中，使果蔬温度降至 7 ~ 8 ℃，冰冷水处理后，再用毛巾吸去水分或放进冷藏库。

2. 冷盐水处理法

叶菜类可用此法处理。将果蔬预冷及洗净，放在预冷槽里，放入适量水，水温 8 ℃。然后放入冷盐水槽，水温 0 ℃，盐浓度 1%，时间 5 分钟。最后放入冷水槽中，水温 0 ℃，洗去所吸收的盐分。果蔬放入冷盐水槽中的处理时间不要过长，以防止盐分引起植物失水。

3. 复活处理法

葱、大白菜及叶菜类等用此法处理，能使果蔬适时地补充水分，重新"复活"起来。此法是将果蔬放入一般水温的水槽中，洗净污泥，并吸收水分。然后放入空间较大的容器中，使其"复活"。芥菜、水菜茎前端撒置于水中，使根部充分吸收水分，"复活"效果更佳。

4. 直接冷藏法

一般水果、小菜、加工菜类等可用此法处理。此类商品大都已由厂商处理过，在销售前，只需包装或贴标即可送到卖场销售。此类商品可直接放入冷库中。

5. 散热处理法

木瓜、杧果、香蕉、凤梨、哈密瓜等水果可用此法处理。此类商品在密闭纸箱中，经过长时间的运输，温度会急速上升，此时要尽快做降温处理，即打开纸箱，充分给予散热，再以常温保管。

6. 常温保管法

南瓜、马铃薯、芋头、牛蒡等类商品可用此法处理。此类商品不须冷藏，只要放在常温、通风良好的地方即可。

二、果雕盘饰、杯饰的保鲜

蔬果经过切雕整形之后会更加脆弱，所以必须妥善保管和冷藏。冷藏方式有泡水冷藏法和直接冷藏法，直接冷藏法必须先用保鲜膜包裹保鲜后再放入冷藏室以防止枯萎，具体冷藏方式要根据蔬菜的类别、质地以及切雕的样式而定，切雕好的盘饰和杯饰可通过冷藏保管几天，但使用时会随着温度上升而脱水失鲜，所以在时间上应准确掌握，尽量随即切雕随即使用，如果仅是稍微脱水或枯萎，可再泡水或喷洒水分，使之活化有形。

果蔬切雕工具

食品雕刻刀具品种繁多，没有特定的规格样式，因从业人员的经验和对作品的理解不同，大都由厨师自己设计制作。目前实用的食品雕刻刀具主要有主刀、拉线刀、戳刀等。

1. 主　刀

使用频率最高，基本可用于所有果蔬雕刻。

2. 拉线刀

主要用于雕刻鸟类、鱼类等动物，可通过用力大小调整拉线粗细。

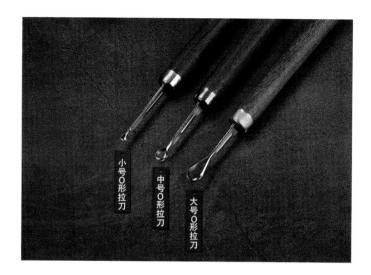

小号O形拉刀

中号O形拉刀

大号O形拉刀

3. 戳　刀

U形戳刀适合雕刻建筑物。

V形戳刀（三角刀）适合雕刻菊花、大丽花等花卉。

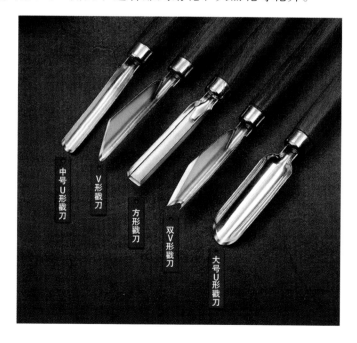

中号U形戳刀

V形戳刀

方形戳刀

双V形戳刀

大号U形戳刀

果蔬切雕常见技法

1. 旋刀法

根据食材旋转雕刻，可以雕出弯曲的线条，主要分为内旋和外旋。

（1）内旋：由内部下刀，采用执笔法（拿笔的手法）握刀弧刀刻出凹面。

（2）外旋：由外部下刀，采用横握法弧刀刻出凸面。

2. 直刀法

以写字的手势握刀，适合雕刻建筑物。

3. 斜刀法

刀和材料之间保持一定斜度进行雕刻，在食材上使用斜刀法相对而刻可以形成三角凹槽。

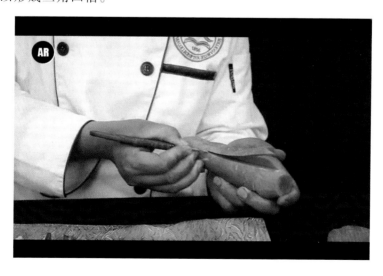

实 训 篇

任务一　番茄兔子

"番茄兔子"设计与制作

原材料	工具	主要手法
番茄、松针、白萝卜	主刀、菜刀	斜刀法

制作步骤	注意事项
1. 小番茄从侧面用主刀切一刀，切下的部分用主刀左右各一刀，切出一个三角形，作为兔耳朵，插在兔身上。 2. 白萝卜打底，插上由心里美制作的水草、松针等装饰。 3. 将兔子摆好，搭配上法香	1. 下刀注意深度。 2. 水草长短搭配

学生笔记

学生作品

"番茄兔子"设计与制作评价表

序号	评价内容	评价标准	分值	得分
1	原料的挑选	新鲜、干净	15	
2	盘子的选择	色泽搭配	20	
3	操作规范	持刀手势	25	
4	操作卫生	台面保持清洁	15	
5	着装要求	干净整洁	15	
6	原料使用情况	原料利用率高	10	
小组自评				
互评				
教师评分				
自我反思				
教师评语				

任务二 黄瓜水桶

"黄瓜水桶"设计与制作

原材料	工具	主要手法
黄瓜、胡萝卜、白萝卜	菜刀、主刀、中号U形戳刀、细线拉线刀	直刀法、斜刀法、旋刀法

制作步骤	注意事项
1. 把黄瓜一分为二,控制好高度。 2. 切出水桶柄,用菜刀直刀法把多余废料去掉。 3. 用主刀把瓜肉去掉,用主刀直刀法转个圆圈,用斜刀法把中心刮干净,用中号U形戳刀修圆。 4. 将剩下黄瓜余料用主刀切成桶柄,用主刀将水桶两边挖空,把桶柄装上。 5. 制作井,把胡萝卜用主刀旋刀法去皮,修圆,用主刀使用直刀法把中间余料取出。 6. 用中号U形戳刀去废料,修圆。 7. 使用拉线刀在井口边拉线,拉成砖块状。 8. 将白萝卜修成长方体,修圆。 9. 用主刀雕刻线条。 10. 将井、水桶、扁担、草放在石头底座上	1. 下刀要均匀。 2. 去瓜肉时交叉使用直刀和斜刀。 3. 去废料时要控制力度。 4. 拉线时一定要控制速度,以及刀的深度。 5. 拉砖块线条时要有间隙

学生笔记

学生作品

"黄瓜水桶"设计与制作评价表

序号	评价内容	评价标准	分值	得分
1	原料的挑选	新鲜、干净	15	
2	盘子的选择	色泽搭配	20	
3	操作规范	持刀手势	25	
4	操作卫生	台面保持清洁	15	
5	着装要求	干净整洁	15	
6	原料使用情况	原料利用率高	10	
小组自评				
互评				
教师评分				
自我反思				
教师评语				

任务三　黄瓜竹子

"黄瓜竹子"设计与制作

原材料	工具	主要手法
黄瓜、心里美、胡萝卜、竹叶、胶水	主刀、中号U形戳刀、菜刀、拉线刀	直刀法、旋刀法
制作步骤		注意事项
1. 用U形刀去皮，用戳刀戳出竹子节数，右手推，左手旋转。 2. 同样方法，戳出另一根，用菜刀去除多余原料。 3. 把心里美作为竹子的底垫，用胶水将竹子粘在底垫上。 4. 用胡萝卜切成小块修圆（作为石头），将"小石头"粘在底垫上。 5. 用心里美皮雕出小草，将小草用胶水粘在竹子与石头中间作为装饰。 6. 用竹子粘在竹竿上加以装饰		1. 每戳一段，将黄瓜皮留出一小段作为竹子的分节点，戳时需掌握好其深度。 2. 高低搭配，以增强立体感
学生笔记		
学生作品		

"黄瓜竹子"设计与制作评价表

序号	评价内容	评价标准	分值	得分
1	原料的挑选	新鲜、干净	15	
2	盘子的选择	色泽搭配	20	
3	操作规范	持刀手势	25	
4	操作卫生	台面保持清洁	15	
5	着装要求	干净整洁	15	
6	原料使用情况	原料利用率高	10	
小组自评				
互评				
教师评分				
自我反思				
教师评语				

任务四　心里美小蘑菇

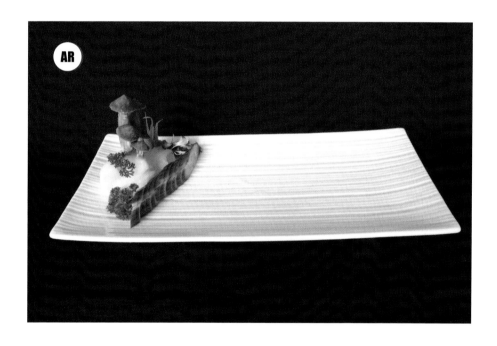

"心里美小蘑菇"设计与制作

原材料	工具	主要手法
胡萝卜、生态小黄瓜、心里美、白萝卜	主刀、拉刀、菜刀	旋刀法

制作步骤	注意事项
1. 先将心里美切成长方形四棱柱，并将其修成圆柱体。 2. 用旋刀法旋转出蘑菇帽。 3. 用菜刀将蘑菇帽切下，使用同样的方法，制作出大小不一的蘑菇帽。 4. 用心里美切出长短不一的长方条作为蘑菇柄，用主刀将四方体的四条棱的边角去掉。 5. 用旋刀法将圆柱体旋转出上细下粗的柄。 6. 在蘑菇柄上方粘点胶水，将帽粘在柄上，胶水不需要太多，太多不易粘牢。 7. 把白萝卜作为底垫，用主刀稍加修改，用拉刀拉出形，底座下刀要深一些，以显示出层次感。 8. 将蘑菇用胶水粘在底座上。 9. 稍加装饰胡萝卜削出的石头和黄瓜皮削成的小草（注：草应安在侧面）	1. 雕刻蘑菇帽时用旋刀法，下刀要垂直。 2. 要注意长短搭配。 3. 蘑菇柄两头细中间粗。 4. 雕刻假山时下刀要深，富有立体感、层次感。 5. 粘蘑菇时要由高到低

学生笔记

学生作品

"心里美小蘑菇" 设计与制作评价表

序号	评价内容	评价标准	分值	得分
1	原料的挑选	新鲜、干净	15	
2	盘子的选择	色泽搭配	20	
3	操作规范	持刀手势	25	
4	操作卫生	台面保持清洁	15	
5	着装要求	干净整洁	15	
6	原料使用情况	原料利用率高	10	
小组自评				
互评				
教师评分				
自我反思				
教师评语				

任务五　心里美大丽菊

"心里美大丽菊"设计与制作

原材料	工具	主要手法
心里美萝卜	主刀、菜刀、中号U形戳刀	旋刀法

制作步骤	注意事项
1. 用菜刀将萝卜一切两半,取头,用旋刀法将萝卜削圆。 2. 斜刀旋转,直刀下。 3. 用中号U形戳刀做花瓣,斜刀下。 4. 第一层花瓣完成时用主刀去废料。 5. 第二层花瓣要插空位,用中号U形戳刀开始第二层。 6. 每做一层都用主刀去废料。 7. 戳到第四层花瓣时要用直刀戳。 8. 雕刻第五层要用U形刀向上戳	1. 用旋刀法去废料,雕刻的时候掌握其深度。 2. 花瓣越薄,立体感越强。 3. 下刀要均匀

学生笔记

学生作品

"心里美大丽菊"设计与制作评价表

序号	评价内容	评价标准	分值	得分
1	原料的挑选	新鲜、干净	15	
2	盘子的选择	色泽搭配	20	
3	操作规范	持刀手势	25	
4	操作卫生	台面保持清洁	15	
5	着装要求	干净整洁	15	
6	原料使用情况	原料利用率高	10	
小组自评				
互评				
教师评分				
自我反思				
教师评语				

任务六 心里美玫瑰串花①

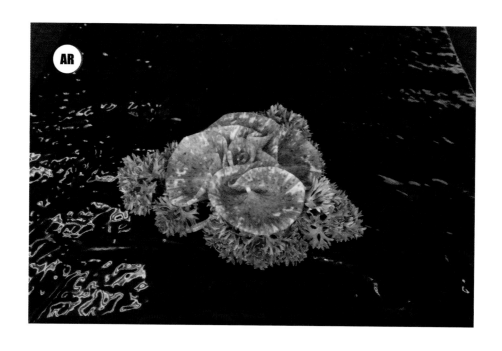

---

① 与任务七"胡萝卜玫瑰串花"互为参看。

"心里美玫瑰串花" 设计与制作

原材料	工具	主要手法
心里美	菜刀、牙签	切、卷、串

制作步骤	注意事项
1. 将心里美切段、修匀。 2. 将心里美片成薄片，共5片。 3. 卷花心，用两根牙签穿成十字架形状。 4. 取第二片花瓣从右向左叠至 $\frac{2}{3}$ 处，再从右向左叠至中心位置，将牙签从花瓣最下方穿过。 5. 调整花瓣，成形后将花放入盐水浸泡30秒	1. 片心里美时，刀要抬平。 2. 花瓣从右向左叠至 $\frac{2}{3}$ 处。 3. 花瓣从最下端穿才散得开

学生笔记

学生作品

"心里美玫瑰串花"设计与制作评价表

序号	评价内容	评价标准	分值	得分
1	原料的挑选	新鲜、干净	15	
2	盘子的选择	色泽搭配	20	
3	操作规范	持刀手势	25	
4	操作卫生	台面保持清洁	15	
5	着装要求	干净整洁	15	
6	原料使用情况	原料利用率高	10	
小组自评				
互评				
教师评分				
自我反思				
教师评语				

任务七　胡萝卜玫瑰串花①

---

① 与任务六"心里美玫瑰串花"互为参看。

"胡萝卜玫瑰串花"设计与制作

原材料	工具	主要手法
胡萝卜	菜刀、牙签	切、卷、串

制作步骤	注意事项
1. 萝卜切成三段，将每段萝卜修均匀。 2. 将胡萝卜片成薄片，共13片。 3. 卷花心，用两根牙签穿成十字架形状，取第二片切开一个口，再叠起穿在牙签上。 4. 翻花瓣，成形后将花放入盐水浸泡30秒	1. 花心要选取大号、较薄的胡萝卜薄片。 2. 包裹花心要使用小号胡萝卜薄片，从中间将胡萝卜片撕到一半位置即可。 3. 串花瓣时要一片压一片。 4. 花瓣从小号、中号、大号依次往牙签上串
学生笔记	
学生作品	

"胡萝卜玫瑰串花"设计与制作评价表

序号	评价内容	评价标准	分值	得分
1	原料的挑选	新鲜、干净	15	
2	盘子的选择	色泽搭配	20	
3	操作规范	持刀手势	25	
4	操作卫生	台面保持清洁	15	
5	着装要求	干净整洁	15	
6	原料使用情况	原料利用率高	10	
小组自评				
互评				
教师评分				
自我反思				
教师评语				

任务八　胡萝卜四角花

"胡萝卜四角花"设计与制作

原材料	工具	主要手法
胡萝卜、竹叶、小黄瓜	主刀、菜刀	斜刀法

制作步骤	注意事项
1. 胡萝卜切成四方形，四棱切刨槽。 2. 握刀将第一层去废料。 3. 下刀从薄到厚。 4. 最后一刀，刀尖立起、往上挑。 5. 花瓣上薄下厚	1. 拿刀姿势像握拳。 2. 上薄下厚。 3. 最后一刀，刀尖立起，往上挑

学生笔记

学生作品

"胡萝卜四角花"设计与制作评价表

序号	评价内容	评价标准	分值	得分
1	原料的挑选	新鲜、干净	15	
2	盘子的选择	色泽搭配	20	
3	操作规范	持刀手势	25	
4	操作卫生	台面保持清洁	15	
5	着装要求	干净整洁	15	
6	原料使用情况	原料利用率高	10	
小组自评				
互评				
教师评分				
自我反思				
教师评语				

任务九　胡萝卜小灯笼

"胡萝卜小灯笼"设计与制作

原材料	工具	主要手法
白萝卜、松针、胡萝卜	菜刀	直刀法、斜刀法

制作步骤	注意事项
1. 将半块心里美修成半个圆柱形的纵切面。 2. 长条的长边打刨槽，用菜刀从圆柱形的宽边入刀，切成不断的片。 3. 翻面用斜刀法切至圆柱形 $\frac{2}{3}$ 处。 4. 将切好的样品卷成灯笼形，用胶水固定。 5. 放入清水漂洗	1. 下刀要均匀。 2. 注意力度，不要切断。 3. 薄厚均匀。 4. 控制速度

学生笔记

学生作品

"胡萝卜小灯笼"设计与制作评价表

序号	评价内容	评价标准	分值	得分
1	原料的挑选	新鲜、干净	15	
2	盘子的选择	色泽搭配	20	
3	操作规范	持刀手势	25	
4	操作卫生	台面保持清洁	15	
5	着装要求	干净整洁	15	
6	原料使用情况	原料利用率高	10	
小组自评				
互评				
教师评分				
自我反思				
教师评语				

任务十　胡萝卜玫瑰

"胡萝卜玫瑰"设计与制作

原材料	工具	主要手法
胡萝卜	主刀、菜刀、中号U形戳刀	旋刀法、直刀法
制作步骤		注意事项
1. 准备好原料,将胡萝卜切成可雕刻的小段。 2. 去皮,削为三大瓣。 3. 用中号U形戳刀刻花瓣呈半圆形。 4. 用主刀去掉废料。开始雕刻花瓣,下刀要深。 5. 去废料时花尖要控制好深度。 6. 用直刀法划边,用主刀雕刻花瓣,刀心往外。 7. 收花心,刀心往内收,旋转。 8. 雕刻完用手把花瓣往外拉,以增强立体感		1. 去废料要用刀尖。 2. 下刀时控制深度。 3. 花瓣要上薄下厚。 4. 花瓣大小均匀
学生笔记		
学生作品		

"胡萝卜玫瑰"设计与制作评价表

序号	评价内容	评价标准	分值	得分
1	原料的挑选	新鲜、干净	15	
2	盘子的选择	色泽搭配	20	
3	操作规范	持刀手势	25	
4	操作卫生	台面保持清洁	15	
5	着装要求	干净整洁	15	
6	原料使用情况	原料利用率高	10	
小组自评				
互评				
教师评分				
自我反思				
教师评语				

任务十一　胡萝卜蝴蝶

"胡萝卜蝴蝶"设计与制作

原材料	工具	主要手法
胡萝卜、小黄瓜	菜刀、主刀	直刀法

制作步骤	注意事项
1. 将萝卜切成薄片（两片连在一起）。 2. 用主刀勾出轮廓、触角、翅膀。 3. 翅膀半圆，旁边要挖空	颜色搭配

学生笔记

学生作品

"胡萝卜蝴蝶"设计与制作评价表

序号	评价内容	评价标准	分值	得分
1	原料的挑选	新鲜、干净	15	
2	盘子的选择	色泽搭配	20	
3	操作规范	持刀手势	25	
4	操作卫生	台面保持清洁	15	
5	着装要求	干净整洁	15	
6	原料使用情况	原料利用率高	10	
小组自评				
互评				
教师评分				
自我反思				
教师评语				

任务十二　胡萝卜亭子

"胡萝卜亭子"设计与制作

原材料	工具	主要手法
南瓜、胡萝卜、白萝卜、松针	菜刀、主刀、小号U形戳刀、拉线刀（粗、细）	直刀法、斜刀法、平刀法

制作步骤	注意事项
1. 将胡萝卜切成五个面。 2. 主刀从每个面下刀、每个边修成半圆形（亭子顶）。 3. 利用胡萝卜余料制成塔尖，修圆。 4. 用小号U形戳刀将塔尖戳成葫芦形状，修圆。 5. 用胶水将塔尖粘起。 6. 用细拉线刀从上拉出线（直刀法）。 7. 去除塔身柱子废料，用胶水粘起	1. 下刀要均匀。 2. 把废料掏空，增强立体感。 3. 注意搭配。 4. 下刀时要控制力度

学生笔记

学生作品

"胡萝卜亭子"设计与制作评价表

序号	评价内容	评价标准	分值	得分
1	原料的挑选	新鲜、干净	15	
2	盘子的选择	色泽搭配	20	
3	操作规范	持刀手势	25	
4	操作卫生	台面保持清洁	15	
5	着装要求	干净整洁	15	
6	原料使用情况	原料利用率高	10	
小组自评				
互评				
教师评分				
自我反思				
教师评语				

任务十三　南瓜元宝

"南瓜元宝"设计与制作

原材料	工具	主要手法
南瓜	菜刀、主刀、拉线刀	斜刀法、旋刀法

制作步骤	注意事项
1. 把南瓜底部切平，用菜刀将南瓜切成梯形。 2. 用主刀将南瓜修圆，并用菜刀切平。 3. 用主刀将南瓜雕成半圆形，勾画出元宝整体轮廓。 4. 主刀采用直刀法在南瓜上画出椭圆形，用旋刀法修理轮廓，雕出元宝整体造型。 5. 元宝雕好后，用主刀轻刮表面使元宝平滑	1. 下刀时注意废料不能去太多。 2. 左右两边要均匀。 3. 打磨元宝要从同一个方向

学生笔记

学生作品

"南瓜元宝"设计与制作评价表

序号	评价内容	评价标准	分值	得分
1	原料的挑选	新鲜、干净	15	
2	盘子的选择	色泽搭配	20	
3	操作规范	持刀手势	25	
4	操作卫生	台面保持清洁	15	
5	着装要求	干净整洁	15	
6	原料使用情况	原料利用率高	10	
小组自评				
互评				
教师评分				
自我反思				
教师评语				

任务十四　南瓜牡丹

"南瓜牡丹"设计与制作

原材料	工具	主要手法
南瓜	主刀	旋刀法

制作步骤	注意事项
1. 南瓜去皮。 2. 握刀定型，用旋刀法刻出三个面。 3. 用握筷子手法刻花瓣，采用旋刀法。 4. 每雕一层刀都往上提，一层比一层高。 5. 雕第四层时用直刀法。 6. 收花心用旋刀法，刀尖往外收	1. 牡丹花的颜色多样，形态各异，所以雕刻时亦会有很多种表现手法，有平刀外刻法，内刻旋刀法。 2. 花瓣上薄下厚

学生笔记

学生作品

"南瓜牡丹"设计与制作评价表

序号	评价内容	评价标准	分值	得分
1	原料的挑选	新鲜、干净	15	
2	盘子的选择	色泽搭配	20	
3	操作规范	持刀手势	25	
4	操作卫生	台面保持清洁	15	
5	着装要求	干净整洁	15	
6	原料使用情况	原料利用率高	10	
小组自评				
互评				
教师评分				
自我反思				
教师评语				

任务十五　南瓜燕鱼①

① 与任务十六"白萝卜浪花"互为参看。

"南瓜燕鱼"设计与制作

原材料	工具	主要手法
南瓜	主刀、拉线刀、小号U形戳刀、仿真眼	拉刀法、直刀法、旋刀法

制作步骤	注意事项
1．先用主刀将南瓜削成伞架形，确定鱼的大体轮廓。 2．用主刀雕刻出鱼嘴，用小号U形戳刀削出鱼唇。 3．用拉线刀拉出鱼身的轮廓。 4．用直刀法拉出鱼鳍，用旋刀法旋出鱼鳞。 5．最后将仿真眼固定在鱼上制成眼睛	1．要注意鱼嘴上嘴长、下嘴短。 2．要注意线条的深度

学生笔记

学生作品

"南瓜燕鱼"设计与制作评价表

序号	评价内容	评价标准	分值	得分
1	原料的挑选	新鲜、干净	15	
2	盘子的选择	色泽搭配	20	
3	操作规范	持刀手势	25	
4	操作卫生	台面保持清洁	15	
5	着装要求	干净整洁	15	
6	原料使用情况	原料利用率高	10	
小组自评				
互评				
教师评分				
自我反思				
教师评语				

任务十六　白萝卜浪花①

---

①　与任务十五"南瓜燕鱼"互为参看。

"白萝卜浪花"设计与制作

原材料	工具	主要手法
白萝卜、心里美、西瓜皮	水性黑色铅笔、主刀、拉线刀（细、粗）	旋刀法、直刀法、斜刀法

制作步骤	注意事项
1. 将白萝卜切成长短不一的长块，用水性铅笔在切好的萝卜上画出波浪，确定好波浪的形状。 2. 用主刀顺着画好的波浪线条开始雕刻，下刀需到位，掌握好雕刻的深度。 3. 用主刀将西瓜皮雕刻出小草，将心里美用粗拉刻刀拉出大体轮廓，用细拉刻刀拉出线条。 4. 用心里美刻出假山，将假山粘在底座上，以增加形象美。 5. 洗去浪花上的水墨，将浪花粘在底座上，将水草粘在一侧的假山上（不要粘在中间）	1. 画线条时，线条要流畅。 2. 从高到低粘浪花。 3. 注意颜色搭配。 4. 水草要长短搭配

学生笔记

学生作品

"白萝卜浪花"设计与制作评价表

序号	评价内容	评价标准	分值	得分
1	原料的挑选	新鲜、干净	15	
2	盘子的选择	色泽搭配	20	
3	操作规范	持刀手势	25	
4	操作卫生	台面保持清洁	15	
5	着装要求	干净整洁	15	
6	原料使用情况	原料利用率高	10	
小组自评				
互评				
教师评分				
自我反思				
教师评语				

任务十七　　白萝卜天鹅

"白萝卜天鹅"设计与制作

原材料	工具	主要手法
白萝卜、心里美、胡萝卜、石竹梅、满天星	主刀、菜刀、拉线刀（粗）	旋刀法、直刀法、斜刀法

制作步骤	注意事项
1. 将白萝卜切成尖塔形。 2. 用胡萝卜雕出天鹅头，将雕好的天鹅头粘在白萝卜上。 3. 用水性铅笔画出天鹅轮廓，用主刀沿着轮廓线雕出天鹅形，修除多余的废料。 4. 白萝卜切片，用水性铅笔画出天鹅翅膀，用雕刀修出天鹅翅膀整体轮廓。 5. 用细线刀拉出羽毛第一层羽毛，注意拉线刀需竖直，用斜刀法削出翅膀，主刀放平削去多余废料。 6. 用粗拉线刀拉出第二层羽毛。 7. 用主刀在天鹅左右两侧身上刻出凹槽，将翅膀粘在凹槽内。 8. 用心里美雕出底座，将石竹梅、满天星插在底座上	1. 去废料时下刀要轻，少下废料。 2. 拉羽毛时下刀深度要掌握好。 3. 羽毛从长到短。 4. 制作底座时，削皮要薄

学生笔记

学生作品

"白萝卜天鹅"设计与制作评价表

序号	评价内容	评价标准	分值	得分
1	原料的挑选	新鲜、干净	15	
2	盘子的选择	色泽搭配	20	
3	操作规范	持刀手势	25	
4	操作卫生	台面保持清洁	15	
5	着装要求	干净整洁	15	
6	原料使用情况	原料利用率高	10	
小组自评				
互评				
教师评分				
自我反思				
教师评语				

任务十八　白萝卜莲花

"白萝卜莲花"设计与制作

原材料	工具	主要手法
黄瓜、白萝卜、南瓜	主刀、菜刀、小号U形戳刀、拉线刀	旋刀法、直刀法
制作步骤		注意事项
1. 制作花瓣：用菜刀将白萝卜两边去皮，切出轮廓。 2. 用主刀将萝卜切成水滴状，修圆。 3. 用主刀将花瓣片出，上薄下厚。 4. 用同样方法，将萝卜做成小花瓣。 5. 制作莲蓬，把南瓜用主刀修成圆柱体。 6. 使用旋刀法，把莲蓬修圆（上窄下宽）。 7. 用拉线刀把莲蓬顺边将线条拉出。 8. 用小号U形戳刀在莲蓬中间戳小孔，花瓣底部修成半圆形。 9. 用胶水将花瓣粘在莲蓬上		1. 花瓣要上薄下厚。 2. 制作花瓣时要注意做到有大有小
学生笔记		
学生作品		

"白萝卜莲花"设计与制作评价表

序号	评价内容	评价标准	分值	得分
1	原料的挑选	新鲜、干净	15	
2	盘子的选择	色泽搭配	20	
3	操作规范	持刀手势	25	
4	操作卫生	台面保持清洁	15	
5	着装要求	干净整洁	15	
6	原料使用情况	原料利用率高	10	
小组自评				
互评				
教师评分				
自我反思				
教师评语				

任务十九　白菜菊花

"白菜菊花"设计与制作

原材料	工具	主要手法
娃娃菜（白菜亦可）	菜刀、三角刀（中号）	直刀法

制作步骤	注意事项
1. 用菜刀把娃娃菜一切为二，把菜叶切掉。 2. 用三角刀戳花瓣，直刀法，从上往下，垂直下刀（花瓣上薄下厚）。 3. 每戳完一层花瓣都要去废料。 4. 用手轻轻往外拉花瓣，第二层同上操作。 5. 第一层到第四层刀口往外；收花心，刀口往内。 6. 完成后把白菜在水里放置两分钟	1. 花瓣要均匀，上薄下厚。 2. 控制戳的深度

学生笔记

学生作品

"白菜菊花"设计与制作评价表

序号	评价内容	评价标准	分值	得分
1	原料的挑选	新鲜、干净	15	
2	盘子的选择	色泽搭配	20	
3	操作规范	持刀手势	25	
4	操作卫生	台面保持清洁	15	
5	着装要求	干净整洁	15	
6	原料使用情况	原料利用率高	10	
小组自评				
互评				
教师评分				
自我反思				
教师评语				

任务二十　哈密瓜花篮

"哈密瓜花篮"设计与制作

原材料	工具	主要手法
哈密瓜	菜刀、拉线刀、小号U形戳刀、主刀	直刀、旋刀、斜刀

制作步骤	注意事项
1. 切平瓜的底部，菜刀去除瓜蒂。 2. 用菜刀直刀法垂直切下，切瓜的三分之二。 3. 用中号U形戳刀戳出花纹，去除废料。 4. 用主刀将哈密瓜的瓜心掏空。 5. 用中号U形戳刀在瓜上戳一圈。 6. 用U形戳刀戳出花纹。 7. 将瓜皮削平、薄，围成半圆形固定在花篮边沿	1. 下刀要厚薄均匀。 2. 戳时注意深度。 3. 下刀要稳、准。 4. 摆盘时注意颜色搭配

学生笔记

学生作品

"哈密瓜花篮"设计与制作评价表

序号	评价内容	评价标准	分值	得分
1	原料的挑选	新鲜、干净	15	
2	盘子的选择	色泽搭配	20	
3	操作规范	持刀手势	25	
4	操作卫生	台面保持清洁	15	
5	着装要求	干净整洁	15	
6	原料使用情况	原料利用率高	10	
小组自评				
互评				
教师评分				
自我反思				
教师评语				

鉴赏篇

杯饰

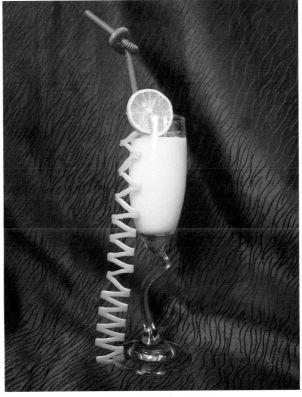

盘饰

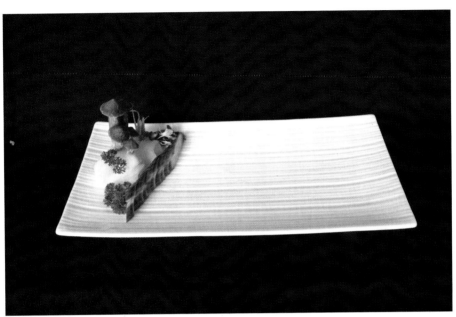

学生参赛作品

福猪送吉祥

舌尖上的泼水节

玉兔东升

笠翁闲趣

蕉叶鸡排

热菜 01 制品一

近厨者香

学生日常练习作品

名师作品

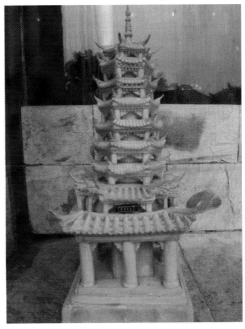

参考文献

[1] 黄铭波. 蔬果切雕与盘饰创意宝典[M]. 福州：福建科学技术出版社，2014.

[2] 陈洪波. 综合食雕：高级技法[M]. 广州：广东经历出版社，2016.

[3] 陈肇丰，周振文. 创意蔬果切雕：围边、果盘杯饰篇[M]. 福州：福建科学技术出版社，2005.

[4] 陈肇丰，周振文. 创意蔬果切雕：立体造型篇[M]. 福州：福建科学出版社，2005.

[5] 周振文. 蔬果盘饰与切雕技法[M]. 福州：福建科学出版社，2016.

[6] 陈洪波. 果蔬切雕简易技法[M]. 广州：广东经济出版社，2005.

[7] 封长虎. 食品雕刻技法详解[M]. 北京：金盾出版社，2004.

[8] 陈肇丰，周振文. 创意盘饰与蔬果切雕[M]. 福州：福建科学技术出版社，2013.

[9] 雷海锋，双福. 星级酒店创意盘饰设计[M]. 北京：中国纺织出版社，2015.

[10] 孔令海. 中国食品雕刻艺术：动物集[M]. 北京：中国轻工业出版社，2011.

[11] 孔令海. 中国食品雕刻艺术：器皿集[M]. 北京：中国轻工业出版社，2012.